350 ejercicios de sumas con llevadas para 2º de Primaria

II

Proyecto Aristóteles

ISBN: 1495449157
ISBN-13: 978-1495449154

A Raquel.

CONTENIDOS

PARA COMENZAR

El blasón del Proyecto Aristóteles es el proverbio *usus, magíster egregius* (la práctica es el mejor maestro). El dominio de cualquier disciplina, incluidas las matemáticas, sólo puede adquirirse a través del ejercicio variado y constante. Éste es el motivo por el cual presentamos nuestra serie especial de ejercicios para Segundo de Primaria. El presente volumen está dedicado a ejercitar el conocimiento de las sumas, la escritura de números, el redondeo a la decena y la centena, series de sumas, operaciones con incógnitas y cálculo mental rápido.

Calcula.

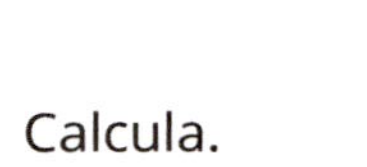
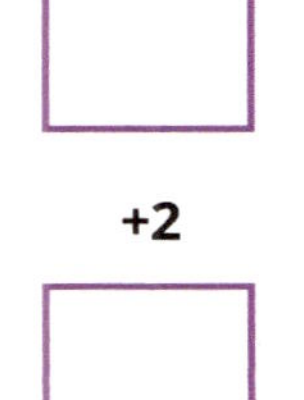

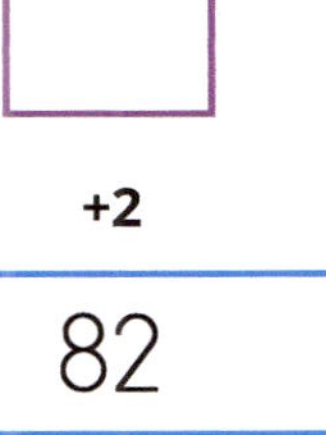

☐

+2

☐

+2

☐ -3 ☐ -3 82 +3 ☐ +3 ☐

-2

☐

-2

☐

Suma.

645 + 121 + 132 =

403 + 353 + 132 =

562 + 224 + 213 =

324 + 201 + 213 =

342 + 111 + 235 =

324 + 434 + 121 =

242 + 203 + 313 =

450 + 132 + 114 =

Suma.

$$\begin{array}{r} 418 \\ +\ 345 \\ \hline \end{array} \qquad \begin{array}{r} 357 \\ +\ 381 \\ \hline \end{array} \qquad \begin{array}{r} 377 \\ +\ 435 \\ \hline \end{array} \qquad \begin{array}{r} 244 \\ +\ 364 \\ \hline \end{array}$$

$$\begin{array}{r} 228 \\ +\ 542 \\ \hline \end{array} \qquad \begin{array}{r} 436 \\ +\ 268 \\ \hline \end{array} \qquad \begin{array}{r} 343 \\ +\ 274 \\ \hline \end{array} \qquad \begin{array}{r} 319 \\ +\ 489 \\ \hline \end{array}$$

Calcula y completa.

	+15	+20	+87	+46	+29
22					
31					
45					
56					
64					
15					
73					
24					

Recuerda: Todos los números comprendidos entre **31** y 99 se escriben con tres palabras, excepto las decenas completas.

Escribe el número anterior y posterior.

treinta y tres	33	
	44	
	56	
	72	

Cálculo mental.

516 + 10 =

573 + 10 =

564 + 10 =

591 + 10 =

513 + 10 =

325 + 3 =

336 + 2 =

341 + 4 =

373 + 3 =

355 + 4 =

Calcula.

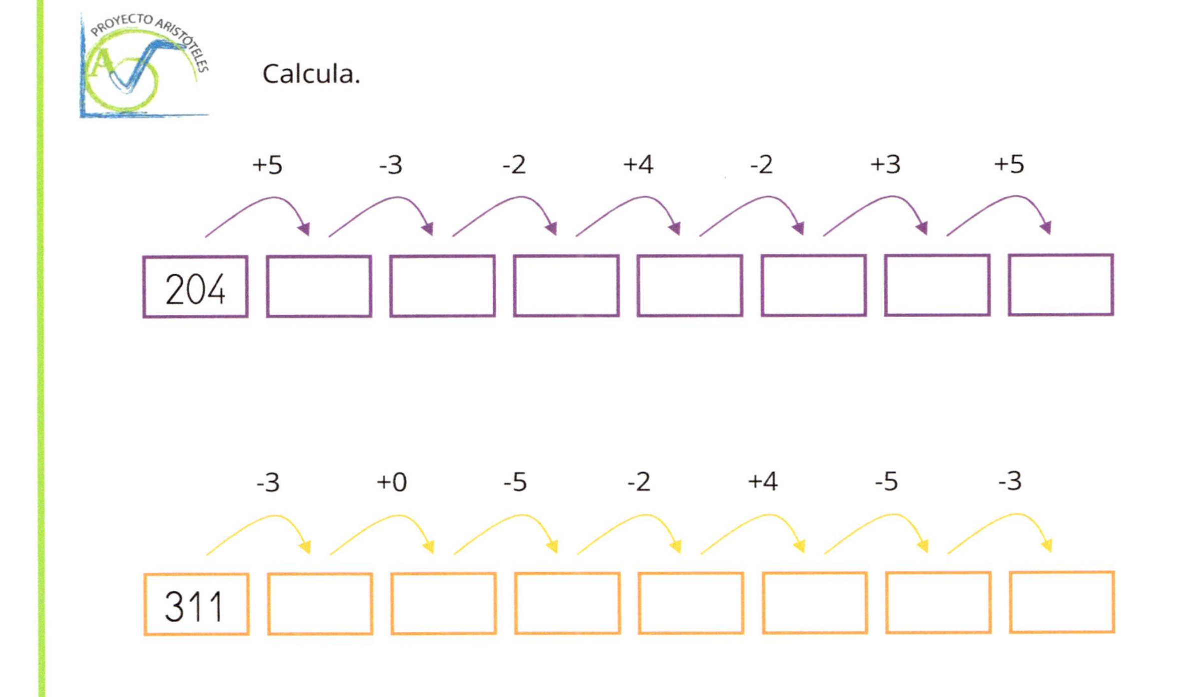

Calcula y completa.

$85 + \square = 474$

$46 + \square = 651$

$91 + \square = 296$

$37 + \square = 382$

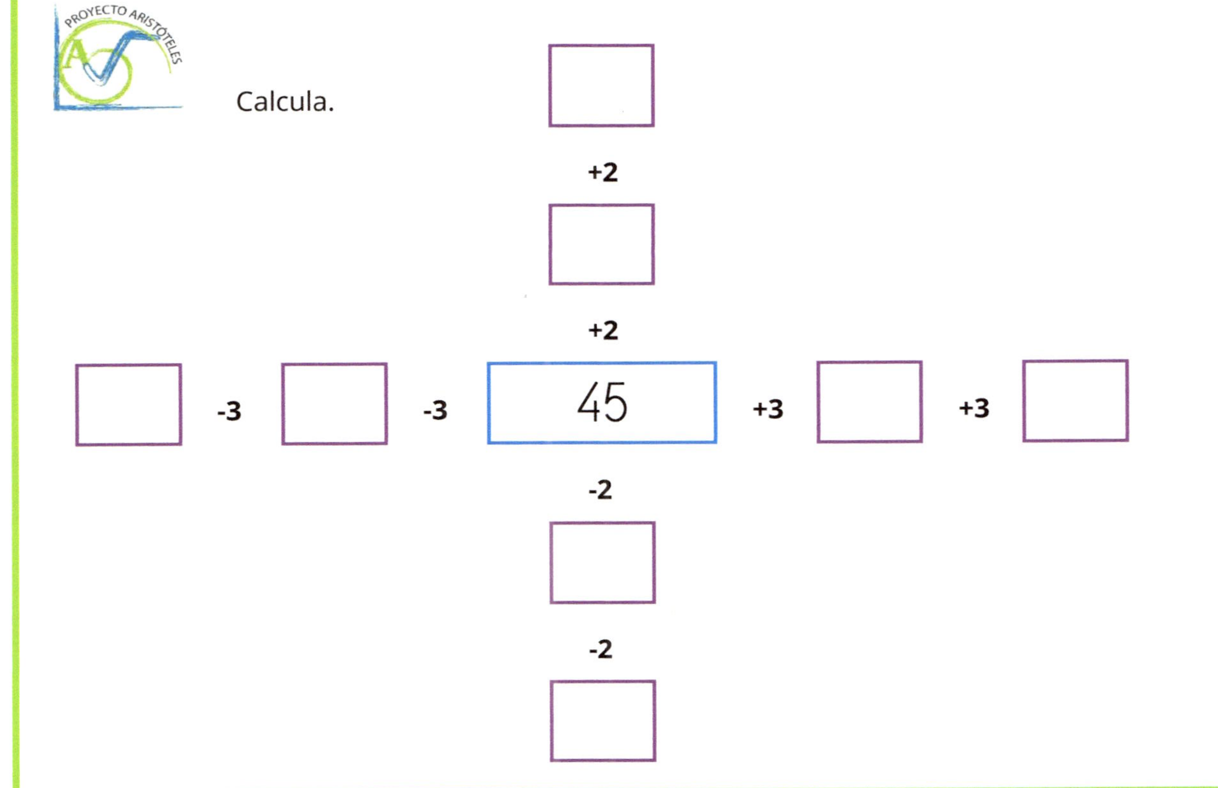
PROYECTO ARISTÓTELES
Calcula.
+2
+2
-3
-3
45
+3
+3
-2
-2

Suma.

$364 + 112 + 323 =$

$573 + 110 + 112 =$

$146 + 232 + 321 =$

$550 + 335 + 114 =$

$452 + 311 + 225 =$

$764 + 120 + 125 =$

$272 + 513 + 113 =$

$563 + 322 + 114 =$

Suma.

$$\begin{array}{r} 119 \\ +\ 456 \\ \hline \end{array} \qquad \begin{array}{r} 354 \\ +\ 278 \\ \hline \end{array} \qquad \begin{array}{r} 275 \\ +\ 365 \\ \hline \end{array} \qquad \begin{array}{r} 443 \\ +\ 292 \\ \hline \end{array}$$

$$\begin{array}{r} 429 \\ +\ 336 \\ \hline \end{array} \qquad \begin{array}{r} 238 \\ +\ 229 \\ \hline \end{array} \qquad \begin{array}{r} 249 \\ +\ 462 \\ \hline \end{array} \qquad \begin{array}{r} 313 \\ +\ 153 \\ \hline \end{array}$$

Calcula y completa.

	+13	+40	+17	+35	+54
53					
75					
44					
36					
61					
13					
83					
27					

Recuerda: Todos los números comprendidos entre **31** y 99 se escriben con tres palabras, excepto las decenas completas.

Escribe el número anterior y posterior.

Anterior	Número	Posterior
______	37	______
______	46	______
______	52	______
______	83	______

Cálculo rápido.

650 + 10 =	525 + 5 =
343 + 10 =	336 + 5 =
566 + 10 =	643 + 5 =
473 + 10 =	473 + 5 =
641 + 10 =	355 + 5 =

Calcula.

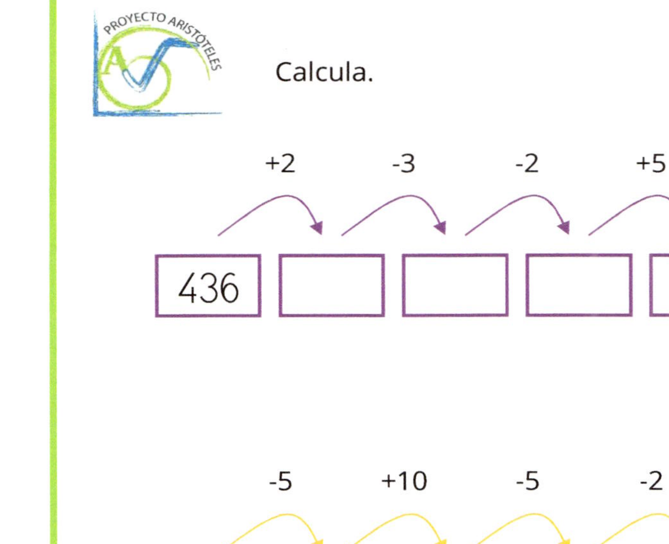

	+2	-3	-2	+5	-2	+10	+5
436							

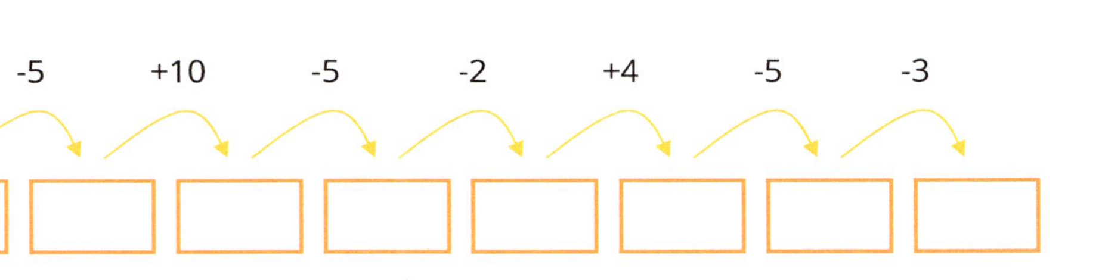

	-5	+10	-5	-2	+4	-5	-3
521							

Calcula y completa.

$55 + \square = 489$

$39 + \square = 331$

$62 + \square = 264$

$48 + \square = 546$

Calcula.

+2

+2

 -3   -3 27 +3 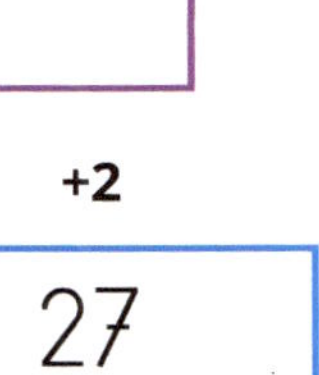 +3

-2

-2

Suma.

$653 + 214 + 122 =$

$430 + 216 + 143 =$

$124 + 432 + 233 =$

$325 + 212 + 152 =$

$425 + 213 + 151 =$

$310 + 316 + 123 =$

$235 + 312 + 422 =$

$264 + 313 + 332 =$

Suma.

$$\begin{array}{r} 374 \\ +\ 434 \\ \hline \end{array} \qquad \begin{array}{r} 523 \\ +\ 246 \\ \hline \end{array} \qquad \begin{array}{r} 337 \\ +\ 458 \\ \hline \end{array} \qquad \begin{array}{r} 244 \\ +\ 193 \\ \hline \end{array}$$

$$\begin{array}{r} 561 \\ +\ 377 \\ \hline \end{array} \qquad \begin{array}{r} 386 \\ +\ 232 \\ \hline \end{array} \qquad \begin{array}{r} 554 \\ +\ 182 \\ \hline \end{array} \qquad \begin{array}{r} 387 \\ +\ 445 \\ \hline \end{array}$$

Calcula y completa.

	+63	+26	+48	+35	+84
72					
25					
31					
47					
63					
54					
73					
29					

Recuerda: Todos los números comprendidos entre **31** y 99 se escriben con tres palabras, excepto las decenas completas.

Escribe el número anterior y posterior.

Anterior	Número	Posterior
______	39	______
______	47	______
______	55	______
______	73	______

Cálculo rápido.

$650 + 6 =$

$443 + 6 =$

$366 + 3 =$

$273 + 3 =$

$641 + 3 =$

$553 + 5 =$

$531 + 5 =$

$442 + 5 =$

$274 + 5 =$

$655 + 3 =$

Calcula.

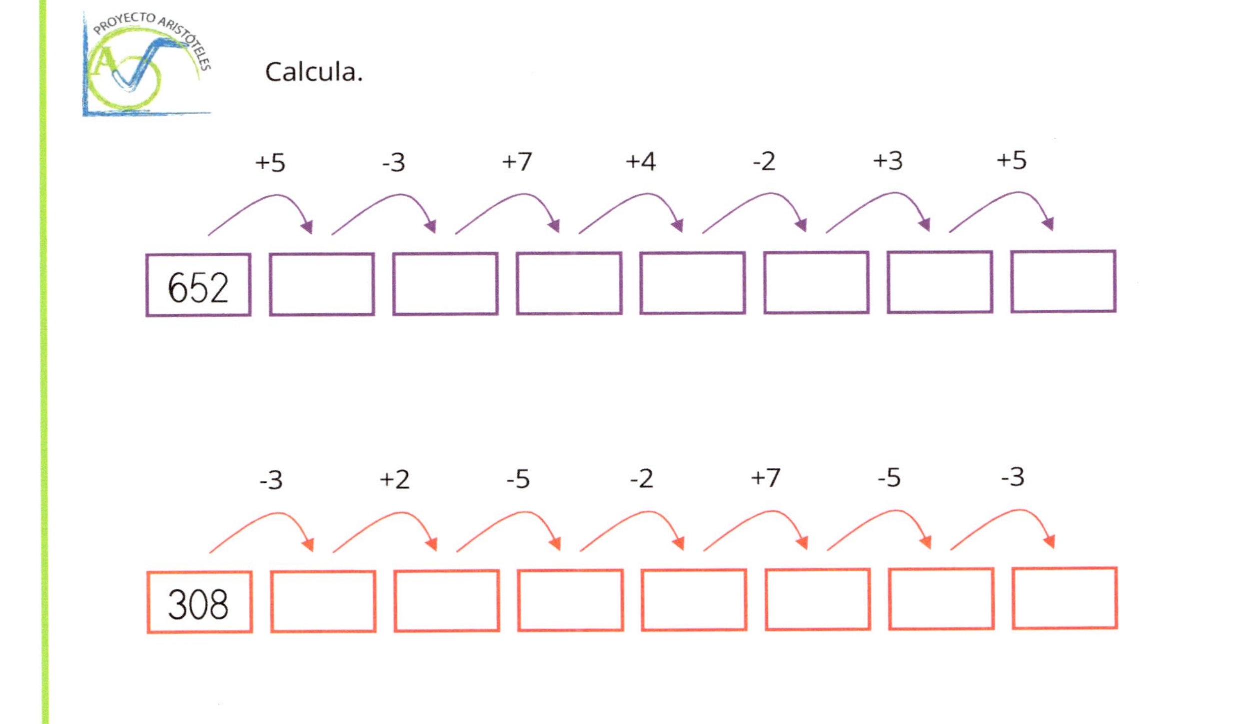

Calca y completa.

$45 + \square = 492$

$24 + \square = 330$

$60 + \square = 219$

$73 + \square = 347$

Calcula.

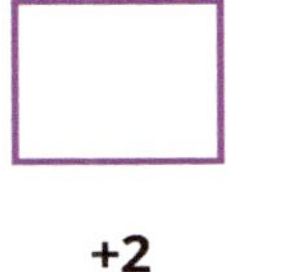

+2

+2

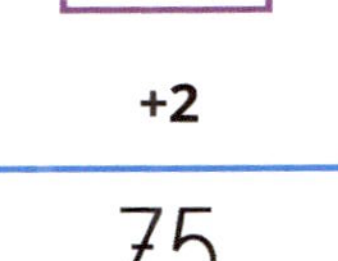
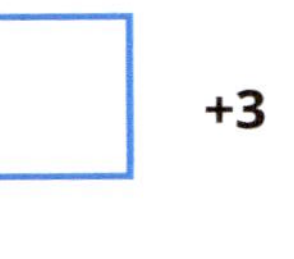

☐	-3	☐	-3	75	+3	☐	+3	☐

-2

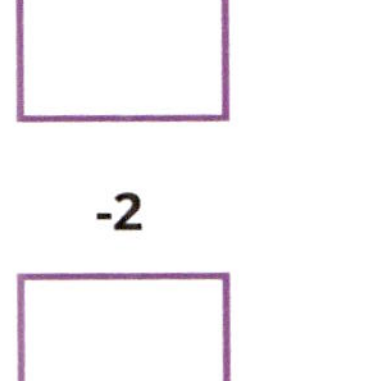

-2

Suma.

64 + 12 + 23 =	42 + 11 + 55 =
43 + 10 + 42 =	14 + 34 + 21 =
36 + 12 + 31 =	32 + 11 + 23 =
50 + 15 + 34 =	63 + 12 + 34 =

Suma.

$$\begin{array}{r} 687 \\ +\ 245 \\ \hline \end{array} \qquad \begin{array}{r} 468 \\ +\ 352 \\ \hline \end{array} \qquad \begin{array}{r} 654 \\ +\ 132 \\ \hline \end{array} \qquad \begin{array}{r} 845 \\ +\ 656 \\ \hline \end{array}$$

$$\begin{array}{r} 432 \\ +\ 529 \\ \hline \end{array} \qquad \begin{array}{r} 643 \\ +\ 459 \\ \hline \end{array} \qquad \begin{array}{r} 286 \\ +\ 334 \\ \hline \end{array} \qquad \begin{array}{r} 595 \\ +\ 352 \\ \hline \end{array}$$

Completa la tabla.

	+35	+73	+42	+27	+54
122					
253					
441					
682					
833					
315					

Recuerda: Todos los números comprendidos entre **31** y 99 se escriben con tres palabras, excepto las decenas completas.

Escribe el número anterior y posterior.

Anterior	Número	Posterior
______	41	______
______	59	______
______	82	______
______	74	______

Cálculo rápido.

670 + 12 =

674 + 12 =

359 + 12 =

662 + 12 =

435 + 12 =

545 + 15 =

332 + 15 =

414 + 15 =

332 + 15 =

240 + 15 =

Calcula.

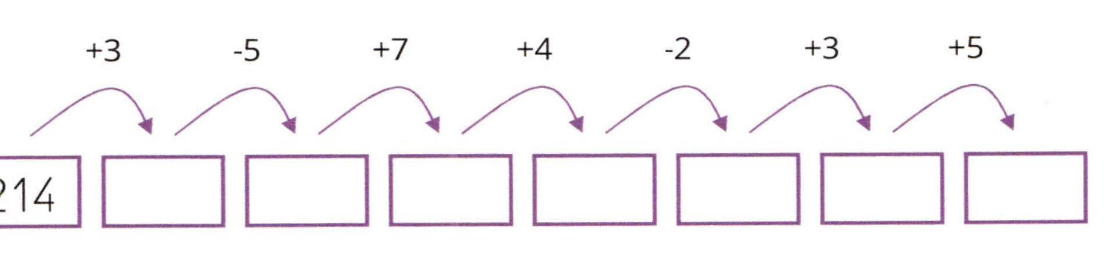

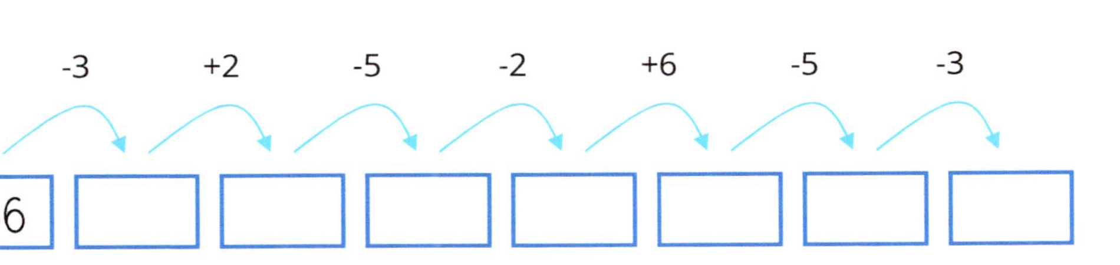

Calcula y completa.

51 + ☐ = 467

44 + ☐ = 381

32 + ☐ = 228

78 + ☐ = 539

Calcula.

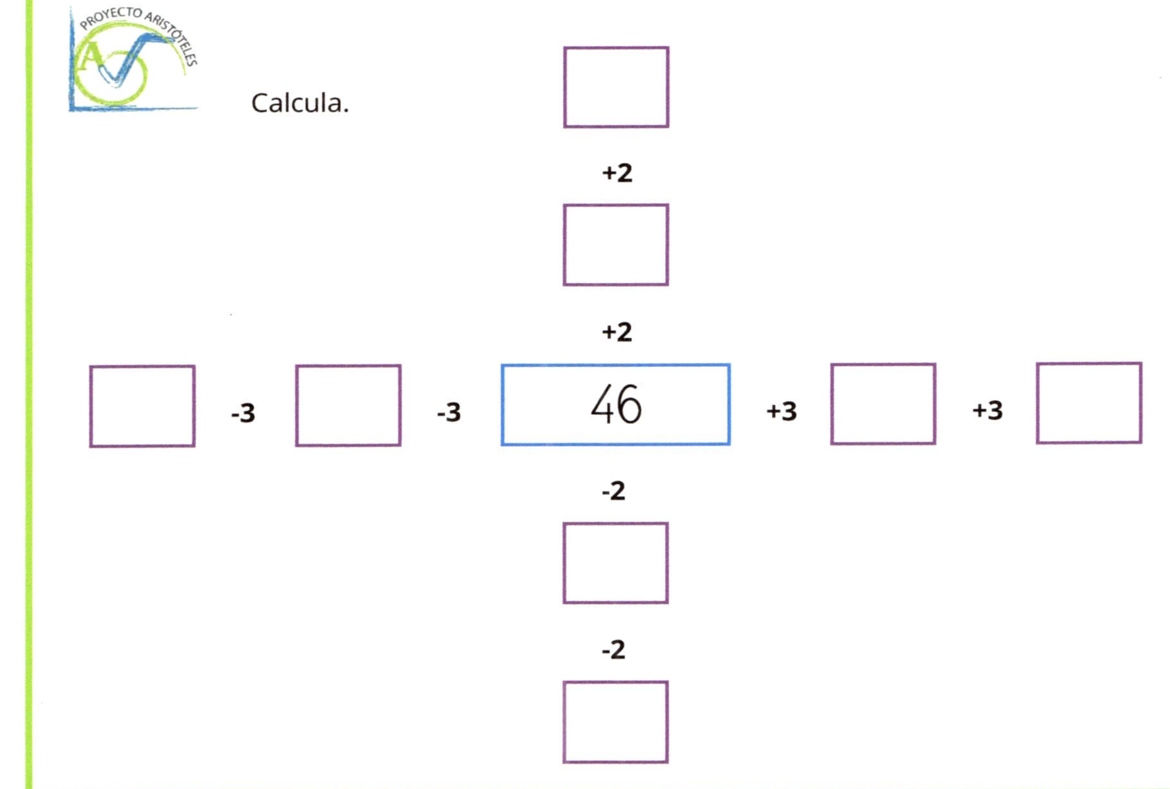

Suma.

353 + 111 + 422 =

422 + 311 + 255 =

353 + 210 + 432 =

514 + 314 + 121 =

626 + 232 + 131 =

232 + 213 + 223 =

520 + 215 + 154 =

363 + 202 + 134 =

Suma.

$$\begin{array}{r} 627 \\ +\ 494 \\ \hline \end{array} \qquad \begin{array}{r} 639 \\ +\ 285 \\ \hline \end{array} \qquad \begin{array}{r} 366 \\ +\ 416 \\ \hline \end{array} \qquad \begin{array}{r} 273 \\ +\ 683 \\ \hline \end{array}$$

$$\begin{array}{r} 658 \\ +\ 494 \\ \hline \end{array} \qquad \begin{array}{r} 416 \\ +\ 372 \\ \hline \end{array} \qquad \begin{array}{r} 225 \\ +\ 637 \\ \hline \end{array} \qquad \begin{array}{r} 619 \\ +\ 484 \\ \hline \end{array}$$

Completa la tabla.

	+23	+36	+42	+55	+14
518					
120					
745					
273					
136					
811					

Recuerda: Todos los números comprendidos entre **31** y 99 se escriben con tres palabras, excepto las decenas completas.

Escribe el número anterior y posterior.

41

76

55

73

Cálculo rápido.

627 + 13 =	563 + 9 =
665 + 13 =	649 + 9 =
445 + 13 =	522 + 9 =
227 + 13 =	361 + 9 =
633 + 13 =	194 + 9 =

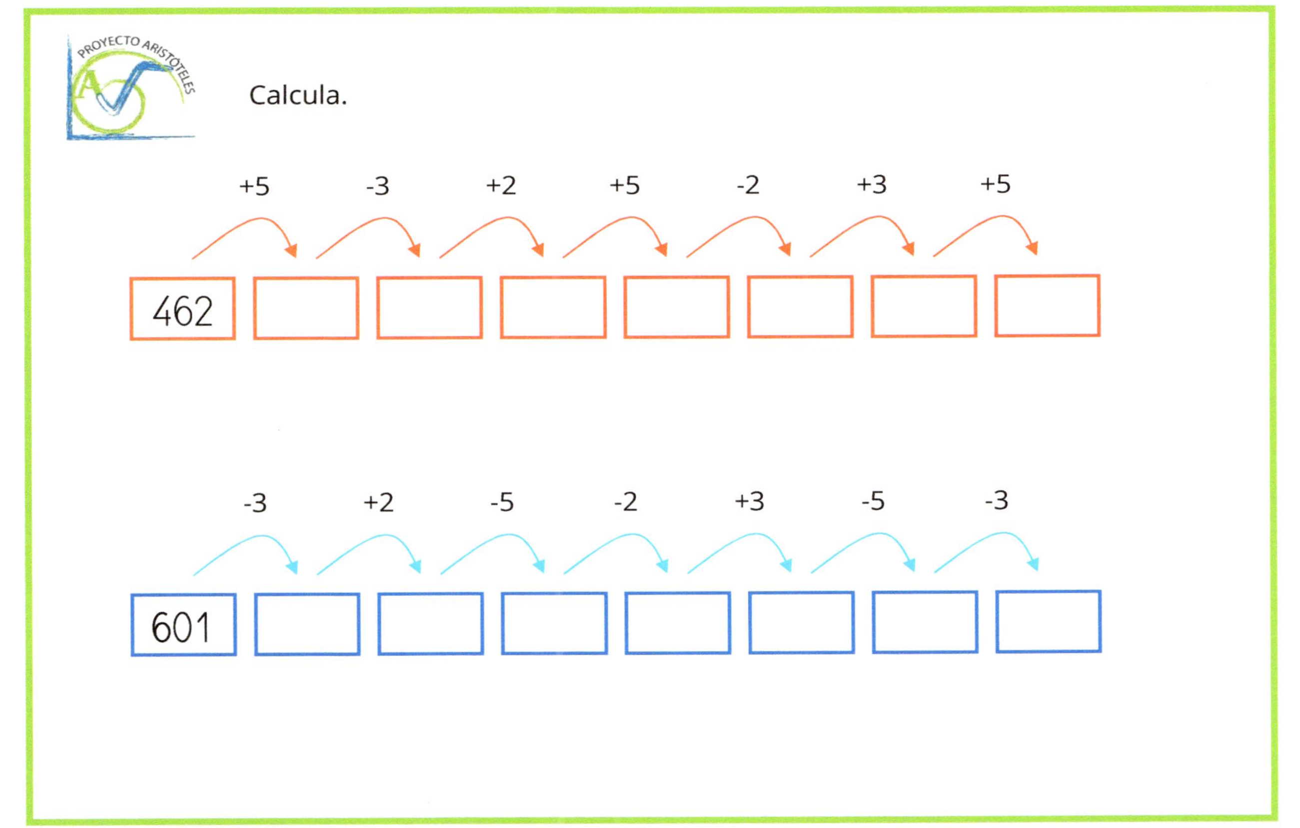
PROYECTO ARISTÓTELES
Calcula.
+5
-3
+2
+5
-2
+3
+5
462
-3
+2
-5
-2
+3
-5
-3
601

Calcula y completa.

$13 + \square = 236$	$\square + 34 = 529$
$43 + \square = 448$	$\square + 26 = 348$
$15 + \square = 355$	$\square + 45 = 280$
$22 + \square = 173$	$\square + 54 = 646$

Calcula y completa.

29 − 4

− 20

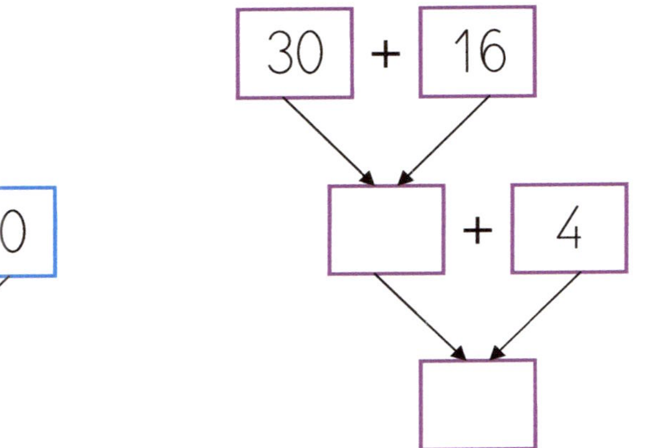

¡Con este sistema puedes sumar números muy grandes! Prueba.

Suma.

3653 + 1214 + 4122 =

5430 + 2216 + 1143 =

3124 + 2432 + 4233 =

1325 + 7212 + 1152 =

Suma.

$$\begin{array}{r} 382 \\ +\ 249 \\ \hline \end{array} \qquad \begin{array}{r} 288 \\ +\ 355 \\ \hline \end{array} \qquad \begin{array}{r} 632 \\ +\ 133 \\ \hline \end{array} \qquad \begin{array}{r} 588 \\ +\ 153 \\ \hline \end{array}$$

$$\begin{array}{r} 696 \\ +\ 225 \\ \hline \end{array} \qquad \begin{array}{r} 450 \\ +\ 432 \\ \hline \end{array} \qquad \begin{array}{r} 330 \\ +\ 337 \\ \hline \end{array} \qquad \begin{array}{r} 671 \\ +\ 354 \\ \hline \end{array}$$

Completa la tabla.

	+35	+53	+42	+27	+14
441					
277					
523					
165					
390					
231					

Recuerda: Todos los números comprendidos entre **31** y 99 se escriben con tres palabras, excepto las decenas completas.

Escribe el número anterior y posterior.

Anterior	Número	Posterior
______	43	______
______	54	______
______	62	______
______	91	______

Cálculo rápido.

$616 + 11 =$	$225 + 7 =$
$473 + 11 =$	$936 + 7 =$
$564 + 11 =$	$541 + 7 =$
$691 + 11 =$	$373 + 7 =$
$313 + 11 =$	$655 + 7 =$

Calcula.

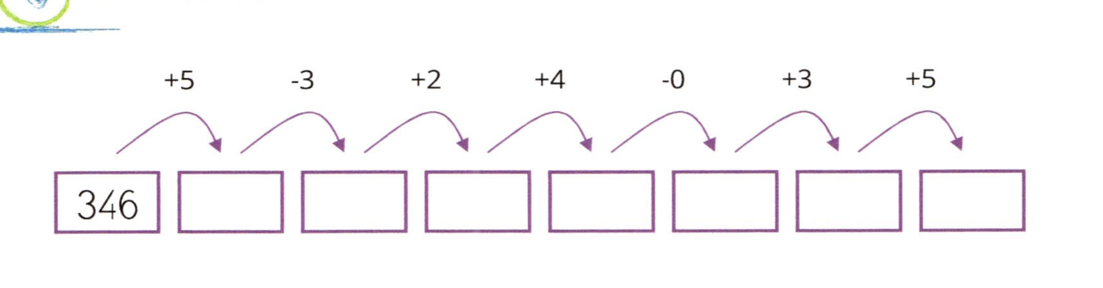

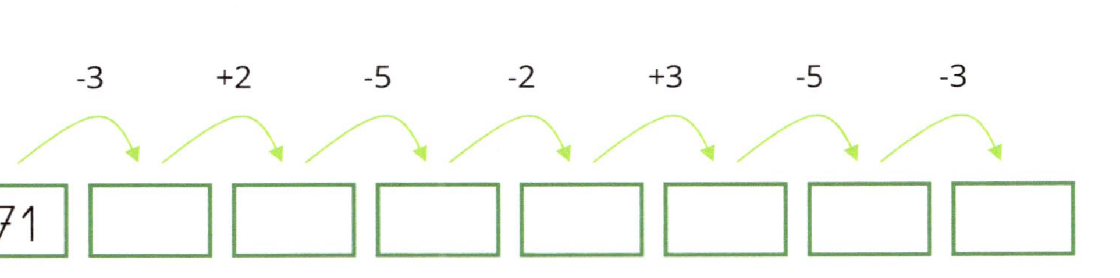

Calcula y completa.

$45 + \square = 425$ $\square + 54 = 365$

$88 + \square = 518$ $\square + 62 = 296$

$36 + \square = 453$ $\square + 28 = 554$

$51 + \square = 390$ $\square + 73 = 567$

Calcula y completa.

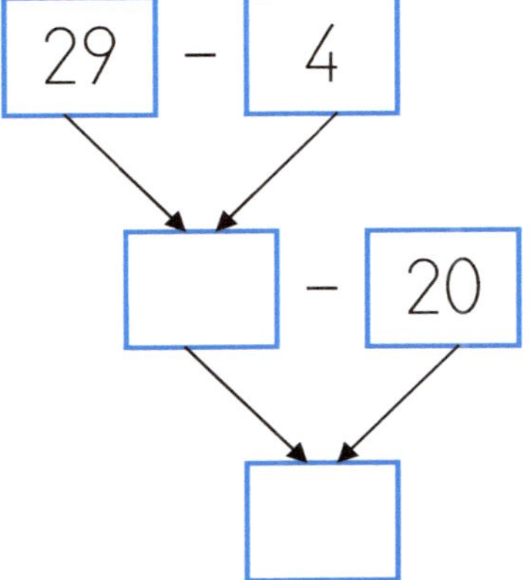

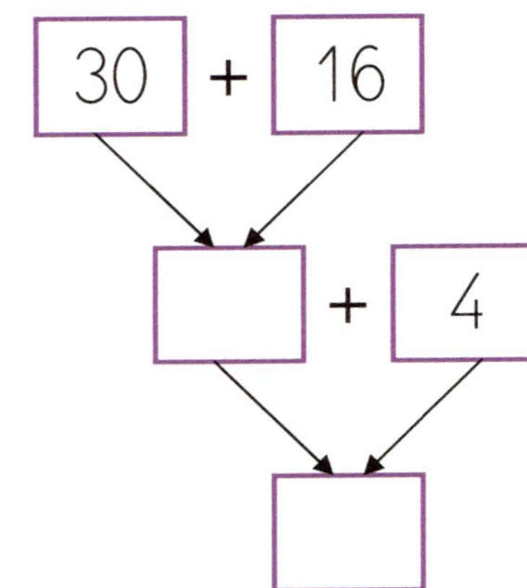

Suma.

$$\begin{array}{r} 519 \\ +\ 245 \\ \hline \end{array} \qquad \begin{array}{r} 356 \\ +\ 281 \\ \hline \end{array} \qquad \begin{array}{r} 576 \\ +\ 335 \\ \hline \end{array} \qquad \begin{array}{r} 643 \\ +\ 164 \\ \hline \end{array}$$

$$\begin{array}{r} 529 \\ +\ 442 \\ \hline \end{array} \qquad \begin{array}{r} 538 \\ +\ 368 \\ \hline \end{array} \qquad \begin{array}{r} 249 \\ +\ 374 \\ \hline \end{array} \qquad \begin{array}{r} 313 \\ +\ 589 \\ \hline \end{array}$$

Completa la tabla.

	+66	+43	+58	+92	+34
322					
553					
741					
482					
133					
615					

Recuerda: Todos los números comprendidos entre **31** y 99 se escriben con tres palabras, excepto las decenas completas.

Escribe el número anterior y posterior.

45

52

68

82

Cálculo mental rápido.

450 + 10 =	325 + 5 =
343 + 10 =	436 + 5 =
466 + 10 =	241 + 5 =
273 + 10 =	373 + 5 =
441 + 10 =	455 + 5 =

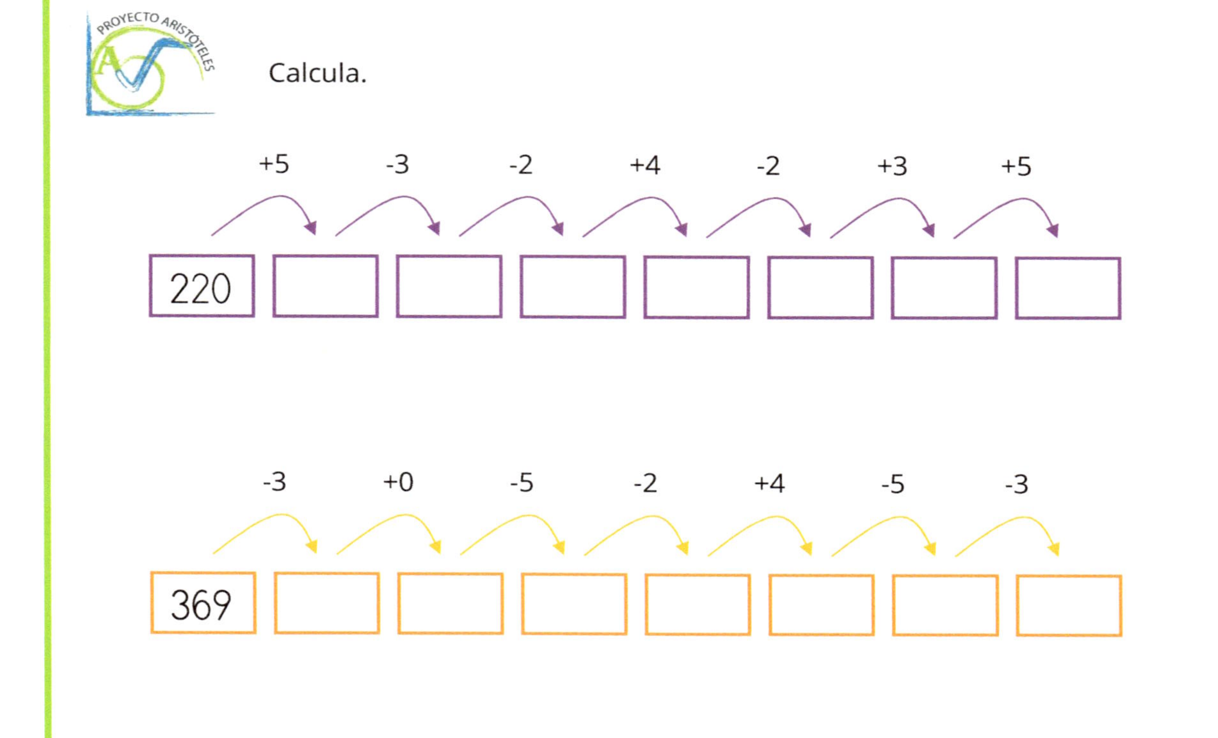
PROYECTO ARISTÓTELES
Calcula.
+5
-3
-2
+4
-2
+3
+5
220
-3
+0
-5
-2
+4
-5
-3
369

Calcula y completa.

23 + ☐ = 367 ☐ + 19 = 426

64 + ☐ = 244 ☐ + 55 = 503

41 + ☐ = 282 ☐ + 30 = 413

68 + ☐ = 506 ☐ + 46 = 354

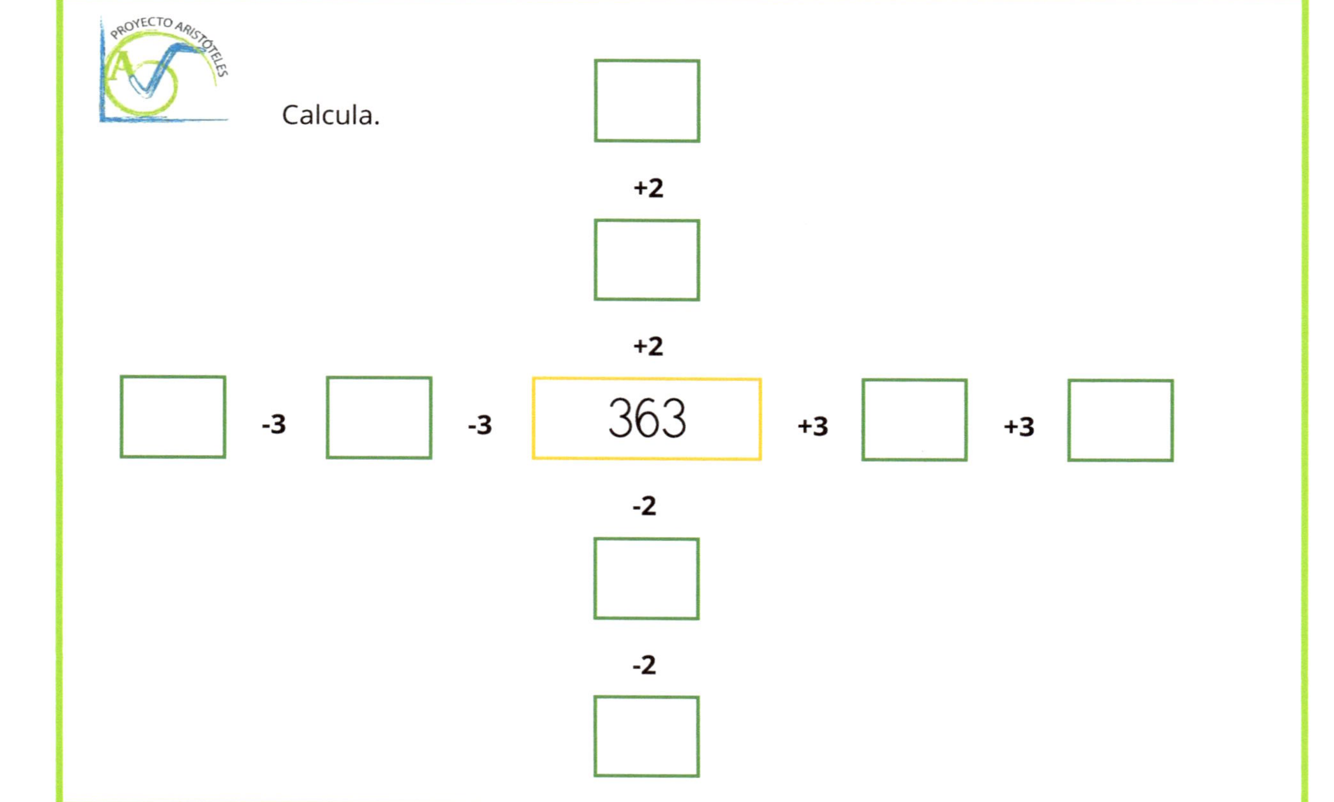
PROYECTO ARISTÓTELES
Calcula.
+2
+2
-3
-3
363
+3
+3
-2
-2

Suma.

$$\begin{array}{r} 757 \\ +\ 428 \\ \hline \end{array} \qquad \begin{array}{r} 332 \\ +\ 559 \\ \hline \end{array} \qquad \begin{array}{r} 247 \\ +\ 772 \\ \hline \end{array} \qquad \begin{array}{r} 765 \\ +\ 134 \\ \hline \end{array}$$

$$\begin{array}{r} 573 \\ +\ 244 \\ \hline \end{array} \qquad \begin{array}{r} 794 \\ +\ 162 \\ \hline \end{array} \qquad \begin{array}{r} 328 \\ +\ 646 \\ \hline \end{array} \qquad \begin{array}{r} 590 \\ +\ 174 \\ \hline \end{array}$$

Completa la tabla.

	+35	+43	+12	+97	+24
281					
169					
353					
522					
113					
430					

Recuerda: Todos los números comprendidos entre **31** y 99 se escriben con tres palabras, excepto las decenas completas.

Escribe el número anterior y posterior.

Anterior	Número	Posterior
______	33	______
______	71	______
______	68	______
______	45	______

Cálculo mental rápido.

450 + 6 =

343 + 6 =

266 + 3 =

473 + 3 =

441 + 3 =

453 + 5 =

331 + 5 =

442 + 5 =

374 + 5 =

255 + 3 =

Calcula.

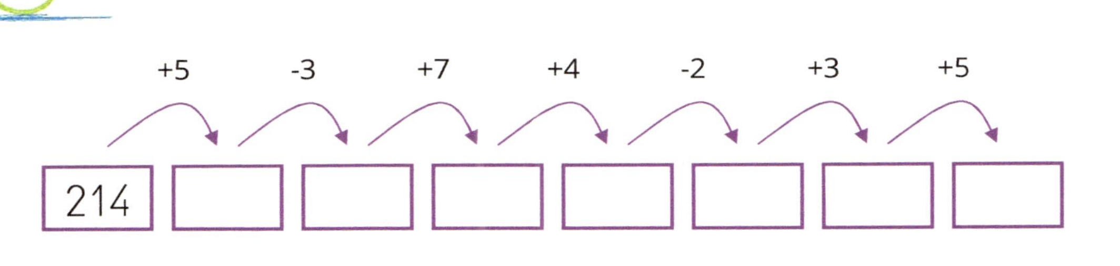

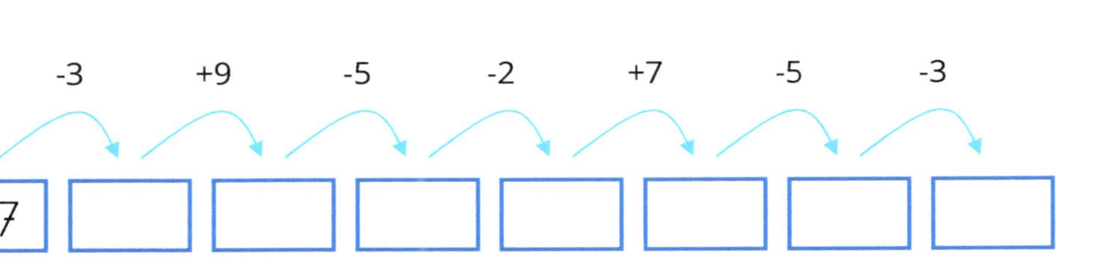

Calcula y completa.

$36 + \square = 596$ | $\square + 92 = 447$
$78 + \square = 320$ | $\square + 13 = 234$

$26 + \square = 253$ | $\square + 48 = 354$
$91 + \square = 590$ | $\square + 53 = 467$

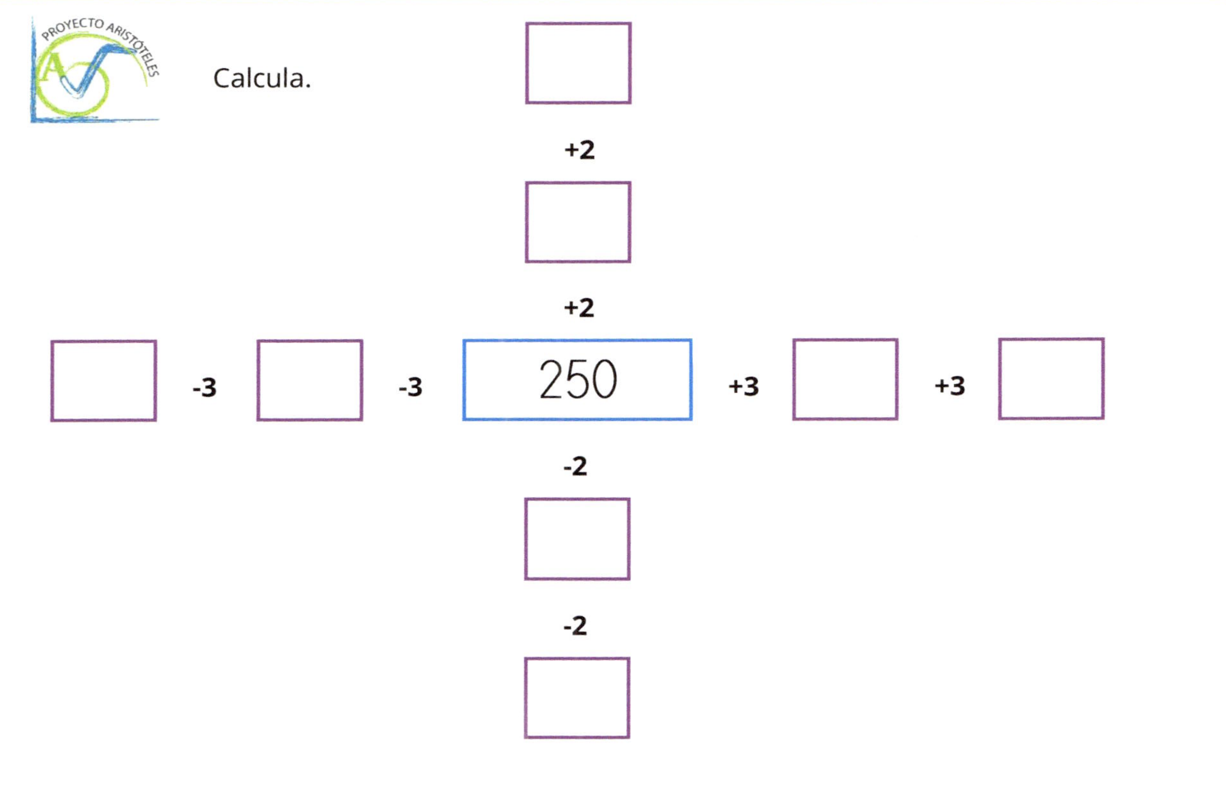
PROYECTO ARISTÓTELES
Calcula.
+2
+2
-3
-3
250
+3
+3
-2
-2

Suma.

$$\begin{array}{r} 753 \\ +\ 145 \\ \hline \end{array} \qquad \begin{array}{r} 226 \\ +\ 781 \\ \hline \end{array} \qquad \begin{array}{r} 442 \\ +\ 335 \\ \hline \end{array} \qquad \begin{array}{r} 365 \\ +\ 264 \\ \hline \end{array}$$

$$\begin{array}{r} 174 \\ +\ 542 \\ \hline \end{array} \qquad \begin{array}{r} 383 \\ +\ 468 \\ \hline \end{array} \qquad \begin{array}{r} 594 \\ +\ 274 \\ \hline \end{array} \qquad \begin{array}{r} 131 \\ +\ 789 \\ \hline \end{array}$$

Completa la tabla.

	+50	-30	+12	+7	+15
587					
569					
453					
529					
513					
530					

Recuerda: Todos los números comprendidos entre **31** y 99 se escriben con tres palabras, excepto las decenas completas.

Escribe el número anterior y posterior.

______	39	______
______	47	______
______	55	______
______	73	______

Cálculo mental rápido.

370 + 10 =

474 + 10 =

259 + 10 =

462 + 10 =

435 + 10 =

345 + 5 =

432 + 5 =

314 + 5 =

232 + 5 =

440 + 5 =

Calcula y completa.

$46 + \square = 419$

$23 + \square = 329$

$58 + \square = 214$

$44 + \square = 326$

Calcula y completa.

58 + ☐ = 483 ☐ + 22 = 290

34 + ☐ = 537 ☐ + 61 = 371

45 + ☐ = 362 ☐ + 55 = 583

62 + ☐ = 470 ☐ + 34 = 446

PROYECTO ARISTÓTELES

Calcula.

+2

+2

-3 -3 484 +3 +3

-2

-2

www.ingramcontent.com/pod-product-compliance
Lightning Source LLC
LaVergne TN
LVHW071804230826
846093LV00019B/3

* 9 7 8 1 4 9 5 4 4 9 1 5 4 *